ALEXANDRE DUCROS

LES ÉTRIVIÈRES

SOMMAIRE :

PARIS
CHEZ TOUS LES LIBRAIRES
ET A L'IMPRIMERIE ALCAN-LÉVY, 61, RUE LAFAYETTE
et passage des Deux-Sœurs

1870

1re Livraison. *Prix : 25 cent.*

LES ÉTRIVIÈRES

I

NOUS AVONS LA GUERRE *

Ces mots ont retenti comme un coup de tonnerre
Dans un ciel limpide et serein :
« A la Prusse, la France a déclaré la guerre!
Nos troupes marchent vers le Rhin ! »

* Depuis un an, M. Alexandre Ducros consignait dans un manuscrit les fautes, les turpitudes et les infamies du gouvernement déchu. Nous avons demandé à M. Ducros son manuscrit, et ce sont les colères et les indignations du poëte républicain que nous offrons au public.

(Note de l'éditeur.)

Vive, vive la France! et que Dieu soit propice
A nos intrépides soldats,
Qui, pour combattre au nom du droit, de la justice,
Vont briguer un noble trépas.
Loin de nous les terreurs et les vaines alarmes;
La victoire aime nos drapeaux....
Mais combien d'orphelins et de veuves en larmes
Prieront demain sur des tombeaux!
La guerre!.... quelle affreuse et quelle horrible chose!
Devions-nous la revoir encor?
Et faudra-t-il toujours, mon Dieu, que l'homme arrose
Avec du sang les moissons d'or!

. . . .

Des fils des vieux Teutons la horde envahissante
Fuyant un ciel noir de frimas,
Comme vers un Eden depuis mille ans errante,
Émigre vers de doux climats.
Elle vient grelottante, engourdie et morose,
Des champs neigeux aux vallons verts,
Se chauffer au soleil et respirer la rose
Que n'ont jamais vus ses déserts.
Elle vient, flot pressé, sur nos rives fécondes,
Cherchant de nouveaux horizons,
Cueillir la grappe d'or qui pend aux treilles blondes
Et les trésors de nos saisons.
C'est là ce qu'elle veut; le soleil et la vigne,
Et de nos filles la beauté,
Voici déjà longtemps que son œil les désigne
A sa sombre brutalité.
Il faut donc l'arrêter, ce flot qui nous menace,
Cette avalanche qui, demain,
Détachée avec bruit de ses sommets de glace,
Inonderait notre chemin.

La horde devint peuple, et ce peuple, naguère,
Dans son ambition rêva
De devenir empire, et le sort de la guerre
Le lui promit à Sadowa !
A quoi donc songeais-tu, toi, Louis Bonaparte,
Toi que fait trembler un faubourg ;
A quoi donc songeais-tu quand, le poing sur la carte,
Hoenzollern volait Hapsbourg ?
C'est alors qu'il fallait, de l'ogre insatiable,
Bornant les appétits cachés,
Lui crier : « C'est assez ! » et renverser la table
Où l'on découpait les duchés !
Certes, tu le pouvais sans combats ni batailles,
Tu n'avais qu'à dire : « Je veux ! »
Et Guillaume, effaré, rentrait dans ses murailles
Sans nous léguer à ses neveux !
Par un noir cuirassier, homme d'Etat qui triche,
Ainsi qu'un grec au pharaon,
Il n'eût pas dit : « J'irai prendre à Joseph l'Autriche,
Et la France à Napoléon. »
Mais, aujourd'hui, le sang doit couler dans les plaines,
Au bruit des longs canons d'airain,
Pour arrêter l'essor des phalanges hautaines
Qui, déjà, campent sur le Rhin !
Il le faut ! En avant ! C'est par ton incurie
Que la France vole aux combats,
Non pas ta France à toi, mais la mère-patrie
Qu'au Deux-Décembre tu sabras.
Oui ! nous la défendrons, cette France adorée
Que tu souillas, que tu meurtris;
Nous la ferons surgir grande, régénérée,
Aux regards des peuples surpris !
Et puisqu'entre tes mains un barbare l'insulte,
Eh bien ! nous te la reprendrons;

Nos cœurs seront son temple et notre amour son culte,
Et, pour elle, tous nous mourrons!
Oui, tous! sache-le bien; ceux-là que tes séides
Le huit mai poussaient au scrutin,
Ont enfin reconnu tes vœux liberticides
Et ta fourberie, ô Scapin!
Tes préfets leur disaient : « Paix durable et certaine,
Si les *oui* triomphent des *non*...
Deux mois sont écoulés, rien que deux mois à peine,
Et déjà gronde le canon!
Les as-tu bien dupés, ces électeurs crédules?
Comme tu riais d'eux tout bas!
Ils n'étaient que craintifs, tu les fis ridicules;
Ils ne te pardonneront pas!
Car les vieux répétaient : « Notre tâche est finie,
A nous le doux repos du soir;
Mais nos fils poursuivront cette tâche bénie,
Eux notre orgueil, eux notre espoir! »
Les mères murmuraient : « Quand du champ qu'il féconde,
Mon fils viendra se reposer,
Je mettrai sur son front que la sueur inonde
Un doux et maternel baiser! »
Tout en filant le lin, les belles jeunes filles
Disaient : « Vienne Pâque ou Noël,
Et celui que j'attends le soir près des charmilles,
Me fera sa femme à l'autel. »
Mais, adieu les moissons, adieu les fiançailles,
Le saint travail, le pur amour;
N'est-ce pas le clairon, le clairon des batailles
Qui se mêle au bruit du tambour?
Que les champs soient déserts, ces garçons qu'on les prenne
Sous l'escorte d'un caporal...
Telle est la sanction et la loi souveraine
Du plébiscite impérial!

Le hameau désolé croit s'éveiller d'un songe,
Il est en proie à la terreur,
Il crache ces deux mots : Trahison et mensonge!
A la face de l'empereur.
Le voilà démasqué. La France tout entière
A cette heure le connaît bien.
Un peuple frémissant regarde à la frontière,
Mais ce peuple n'est pas le sien!
Que nous fait Bonaparte, à cette heure suprême
Où la Patrie est en danger?
Plût à Dieu que pour nous, pour nous et pour lui-même,
Cet homme nous fût étranger!

. . . .

Mais déjà l'ennemi, là-bas, dresse sa tente,
Allons! le sort en est jeté!
Dans le camp des Prussiens répandons l'épouvante,
Marchons à l'immortalité!
O France! ô beau pays! ton souffle nous anime,
Ton nom fait palpiter nos cœurs,
O France! ô beau pays de vaillance sublime,
Tes fils seront toujours vainqueurs!
Ils s'arment! mais pour toi, France, mère chérie,
Non pour un pouvoir détesté;
Ils sont prêts à mourir pour la sainte patrie!
Guerre!!! vive la Liberté!!!

Juillet 1870

II

À NAPOLÉON III

GÉNÉRAL EN CHEF DE L'ARMÉE DU RHIN

Où sont-ils nos soldats, nos bataillons superbes
Qu'hier encor nous saluions ?
La mort les a fauchés ! leur sang rougit les herbes !
Varus, rends-nous nos légions !
Ainsi que des moutons menés à la tuerie,
Tu pris nos fils vaillants et beaux,
Ton aigle qui pour aire a choisi la voirie,
Prépare un festin aux corbeaux !
Oh ! ceux qui te suivaient, là-bas, vers les frontières,
Au bruit d'un chant républicain,
Ces héros moissonnés, tes compagnons, tes frères,
Qu'en as-tu fait, César-Caïn ?
L'ennemi qui tremblait entonne un chant de gloire
Pour un succès qui l'étonna !
Ta main, au livre d'or de notre grande histoire
Arrache le feuillet d'Iéna !
Nos soldats furieux, sur les canons qu'on bourre,
Se ruaient tous et tombaient là !...

Ce qui les a vaincus, ce n'est pas la bravoure,
Le nombre seul les accabla !
Oh honte ! Oh désespoir ! sur le sol de la France
L'insolent Prussien est entré !
Et rien, pour arrêter la horde qui s'avance,
Rien, non, rien n'était préparé !
A quoi donc ont servi tant de sommes énormes
Que le budget engloutissait !
Etait-ce pour changer des boutons d'uniformes
Que tant d'argent se dépensait ?
Tu nous disais : —« La France est armée, elle est prête. »
Aux nations tu la vantais,
Et nous tous, confiants, nous relevions la tête...
Mais tu mentais, oui, tu mentais !
Que t'importe l'honneur de la mère patrie,
Et Paris et l'ardent faubourg ?..
Il fallait succomber à la Ricamarie,
Et triompher à Wissembourg !
Tu le pouvais pourtant, en appelant des villes
Les soldats restés l'arme au bras,
Honteux d'être inactifs et, dans leurs vœux stériles,
Implorant un noble trépas ;
Officiers et soldats dont le sabre se rouille,
Ceux que Paris voit tous les soirs,
Quand on meurt sur le Rhin, mornes, faire patrouille
A côté des argousins noirs !
Que doivent-ils penser de toi, leur capitaine !
Ils sont soldats, ils sont Français,
Et loin du champ d'honneur ton orgueil les enchaîne
Pour garder l'empire au palais !
Tu le veux cet empire, et dans ta main crispée
Tu cherches à le conserver...
Ta droite tient un sceptre et non pas une épée,
Un sceptre que tu veux sauver.

Pour laisser à ton fils, un jour, cet héritage',
Tu t'y prends déjà ; — n'a-t-il pas,
A Saarbruck, ramassé, plein d'un viril courage,
Des balles mortes sous ses pas ?
— « Le baptême du feu, t'écriais-tu, le couvre !
« Louis était au premier rang ! »
Ce n'était pas assez ! — Il revient dans ton Louvre
Couvert d'un baptême de sang !
Destine donc l'empire au fils sur qui tu veilles,
Mais des soldats entends le cri,
Vite ! appelle-les tous ! — Pour garder tes abeilles,
Voici les mouches de Piétri !
Il en est temps encore, ou bien la France expire,
Elle ne sera que débris,
Et l'Europe va dire avec stupeur : — L'empire
Craint moins les Prussiens que Paris !
Non ! non ! rassure-toi, Paris d'un bond se lève !
Et bonnet rouge, et coq gaulois,
Et tous les vieux partis s'effacent comme un rêve,
Ils n'ont qu'un cœur et qu'une voix !
Se mêlant aux soldats de la France chérie,
Pour combattre, tous ils sont prêts !...
Il s'agit de sauver aujourd'hui la Patrie...
César ! nous réglerons après !

Paris, 9 août 1870.

III

LE MARÉCHAL LE BŒUF

Tu n'échapperas pas au fouet de ma satire,
Et mes vers te flagelleront.
Comme avec un fer rouge, ô laquais de l'empire,
L'iambe marquera ton front.
Moi, l'enfant ignoré du peuple qu'on baffoue,
Que trop longtemps on a meurtri,
Je te prends au collet, moi, seul, et je te cloue,
Toi, maréchal, au pilori!
Allons, ne bouge pas! ne parle pas! écoute:
D'autres, comme toi détestés,
Attendent que mon vers leur sonne sur la route
L'heure des dures vérités.
Le décret qui te fit maréchal et ministre,
Voulait la honte du pays.
Ton maître, en le signant, ton empereur, ce cuistre,
Voulait servir nos ennemis.
Wissembourg l'a prouvé : ta nullité flagrante
Y décima nos bataillons,
Quand tu les emmenas dans la mêlée ardente
Sans vivres, sans munitions !

Et si la France encor porte la tête haute,
C'est que ses fils sont des héros,
Qu'ils combattent quand même, et ce n'est pas ta faute
Si toujours flottent nos drapeaux.
Toi, maréchal de France ? allons donc ! chose folle !
Au fond de sa tombe accoudé,
Turenne s'indignant a dit : — « Quel est ce drôle ? »
En te montrant au grand Condé.
Toi, maréchal de France ? un si glorieux grade,
A toi, danseur de cotillons,
Soldat de Mardi-Gras, héros de mascarade
Dans les impériaux salons !
Ah ! vraiment, c'est bouffon à force d'être ignoble,
Salir ainsi, parodier
Quelque chose de grand, quelque chose de noble :
Changer nos lauriers en fumier !
Au raout de la cour, dire entre deux quadrilles,
D'un ton superbe et triomphant :
— « Louis est ennuyé de recompter ses billes ;
« Nous allons distraire l'enfant.
« De la guerre il n'a vu rien qu'un vain simulacre,
« Montrons au futur souverain
« Une bataille en règle, ou plutôt un massacre
« De notre armée aux bords du Rhin.
« Reposez-vous sur moi du soin de les conduire,
« Ces intrépides bataillons,
« Si nombreux, qu'à mon sens il faudrait les réduire...
« Ça mange tant de millions !
« J'en vais charger la mort.—Quelques bonnes défaites,
« Quelques régiments déconfits,
« Et l'argent du budget servira pour nos fêtes,
« Et nous triplerons nos profits.
« C'est de l'économie, admirez ma démarche,
« Je sais bien que c'est impudent,

« Que la honte est au bout... J'y vais ! en avant ! marche !
« Et vous, dansez en m'attendant. »

. . . .

Les mots, pour le flétrir, manquent à la parole !
Allons, maréchal de carton,
Viens çà, tourne le dos, et que sur ton épaule
La France brise ton bâton !

Paris, 17 août 1870.

L'AME DE LA PATRIE

ODE

Je suis l'âme de la Patrie.
Je grandis aux jours du danger,
Pour vaincre et chasser l'étranger,
Du sol de la France meurtrie !
Vingt ans de bassesse et d'affront,
Vous avaient fait courber le front,
Vous, dont l'Europe était jalouse !
Et l'on disait avec mépris :
— « Ces hommes ne sont pas les fils
« Des hommes de quatre-vingt-douze !

« Où sont donc les mâles vertus
« De ces vieux preneurs de Bastilles,
« Qui, partant pieds nus, en guenilles,
« Toujours battants, jamais battus,
« Aux accents de la Marseillaise,
« De la République française,

« Couvraient de gloire le berceau;
« D'un bond franchissaient la frontière,
« Et couraient sur l'Europe entière,
« Liberté, planter ton drapeau ?

« Où sont-ils ces obscurs célèbres ?
« Dans leur suaire ensanglanté,
« Dort avec eux la Liberté;
« L'ardent flambeau s'est fait ténèbres!
« Les fils lâches, indifférents,
« Tendent aux chaînes des tyrans
« Leurs mains d'où l'épée est tombée!
« La France, grande nation,
« Sous la honte et l'abjection,
« Comme une esclave s'est courbée! »

Mensonge! la France est debout!
Elle dormait, elle s'éveille!
Et l'hymme sainte de Marseille
Gronde comme une mer qui bout!
Et ses strophes comme des ondes
Impétueuses et profondes,
Montant vers les cieux irrités,
Par toutes les voix de la France
Jettent le cri de délivrance
Au front des rois épouvantés!

Les yeux fixés sur nos rivages,
Depuis longtemps les potentats,
Tremblant pour leurs propres États,
Voyaient se former des orages!
Ils sentaient leur trône crouler,
Un vent venait les ébranler,

Et ce vent-là soufflait de France!
La France, malgré sa torpeur,
Aux rois faisait encore peur,
Elle troublait leur assurance!

Ils avaient dit : — « Egorgeons-la ! »
Exécuteur des hautes œuvres
Des royautés, nids de couleuvres,
Guillaume répond : « Me voilà ! »
Et sachant l'empire sans force,
Sans un obus, sans une amorce,
Dix contre un, il vint se ruer
Sur cette France impériale,
Que déjà, de sa main fatale,
Bonaparte avait su tuer!

Mais soudain, à travers la nue,
Une voix terrible a crié :
— « Guerre à mort! guerre sans pitié!
Guillaume, ton heure est venue!
Pour combattre tes bataillons,
Pour les coucher dans les sillons,
Comme les blés mûrs dans la plaine,
Regarde accourir triomphants
Les fiers et généreux enfants
De la France républicaine! »

Il luit enfin, le jour si beau,
Jour des sanglantes représailles,
Où des pierres de nos murailles,
Nous te bâtirons un tombeau !
Guillaume, où sont tes arrogances?
Tes hauts faits, tes lâches vaillances?

Que font tes reîtres insolents,
Tueurs d'enfants, violeurs de femmes ?
Egorgent-ils, soldats infâmes,
Quelque vieillard à cheveux blancs ?

Qu'ils viennent donc ! — Paris se lève,
Pleuvez boulets et biscaïens,
C'est fête pour les citoyens,
Paris a ressaisi son glaive !
Sublimes abnégations !
Qu'importe les privations !
Il faut que l'Europe pâlisse
Devant Paris prêt au combat
Et criant aux hommes d'État :
— « Guerre ! Guerre ! pas d'armistice ! »

Citoyens, prenez vos fusils !
Femmes, enfants, prenez des pierres !
Que tout soit armes meurtrières,
Et le salpêtre et les outils !
Levez-vous ! Ruez-vous en foule !
Il faut ou que Paris s'écroule,
Ou que le Prussien détesté,
Horde sauvage germanique,
Au cri : Vive la République !
De notre sol soit rejeté !

En avant ! citoyens ! courage !
Que les drapeaux flottent au vent !
La mesure est comble, en avant !
Assez de honte, assez d'outrage !
Prussiens, Saxons et Bavarois
Connaîtront les pâles effrois

Et les terreurs et les alarmes;
Ils crieront devant nos succès :
La gloire revient aux Français,
Puisque Paris a pris les armes !

. . . .

O Guillaume ! tu te flattais
De réduire la grande ville !
O roi ! fanatique imbécile !
De nous vaincre tu te vantais !
Irrité de notre défense,
Invoque donc ta providence,
Brute mystique, roi félon !...
Tu peux envoyer tes cohortes :
Guillaume, pour t'ouvrir nos portes,
Nous n'avons plus Napoléon !

Paris, 17 novembre 1870, étant de garde aux remparts.

V

LE VIEUX PATRIOTE *

A SES PETITS FILS

Enfants, voici longtemps que regardant la France,
Je pleure ! — Mais toujours je regarde et j'attends !
Je dis : — « Elle viendra, l'heure de délivrance !
Le soleil brillera sur tous ces mauvais temps !

Nous ne resterons pas toujours dans ce malaise,
L'aube bientôt luira, bientôt dans les faubourgs
Nous entendrons chanter la vieille *Marseillaise*,
Et de la Liberté nous suivrons les tambours !

J'attends, j'attends toujours ! et l'heure fuit rapide !
Et vous restez cloués sous le joug et l'affront ! »

* Traduction imitée du *Rachalan Patrioto*, satire languedocienne de M. A. Bigot, de Nimes.

Plus rien ne vibre en vous, nul espoir ne vous guide !
Vous criez un moment, puis vous courbez le front !

Jamais entre vos mains un fusil ne remue !
Jamais vous n'avez dit : — « Si nous voulions, pourtant ! »
Il suffit d'un tricorne au détour d'une rue
Pour vous faire trembler et rentrer à l'instant.

Enfants dégénérés, vous êtes sans courage !
Car, moi, je me souviens que vieillards, jouvenceaux,
Au cri de liberté, nous quittions tous l'ouvrage
Pour courir l'arme au bras, la cocarde aux chapeaux !

Nous aimions le travail cependant, je vous prie,
Et la rouille jamais ne tachait notre outil,
Mais, soldats-travailleurs, au cri de la Patrie,
Nous posions le marteau pour prendre le fusil !

Par des exploits fameux nous comptions nos journées,
Les rois à notre aspect connaissaient les effrois ;
Nous prenions leurs palais, troupes déguenillées,
Pour poser nos pieds nus sur les tapis des rois !

Quand les tambours battaient leurs marches triomphales,
Nous allions en avant d'un bond précipité ;
Sous les drapeaux flottants, déchirés par les balles,
Nous mourions en criant : Vive la Liberté !

Mais vous, que faites-vous ? et que savez-vous faire ?
Vous travaillez, d'accord ! mais, après le travail,
Vous regardez passer, calmes et sans colère,
Ces loups que vous gardez au milieu du bercail !

Ils doublent vos labeurs ; le salaire, ils l'abaissent ;
Pour eux vos meilleurs vins et la fleur de vos blés ;

Avec votre sueur, en un mot, ils s'engraissent,
Et vous ne dites rien !... vous êtes muselés !

Un seul homme vous tient, la peur vous enveloppe....
Quand nous autres, mordieu ! sans souliers et sans pain,
Mais libres ! mais vainqueurs ! nous faisions, en Europe,
Pâlir les rois devant le peuple souverain !

Vingt ans vous ont gâtés ! — Le coupon et la rente,
Chez vous parlent plus haut que l'amour du pays !
De plaisirs et de luxe, une soif dévorante
Vous étrangle le cœur... Vous n'êtes pas nos fils !

Vous n'êtes pas nos fils ! nous prenions des bastilles ! ..
Mais vous, quel noble but enflamme votre essor ?
Vous brillez sur le turf, dans les boudoirs de filles ;
Votre champ de bataille est à la Maison-d'Or !

Que vous importe à vous les destins de la France ?
D'un passé glorieux si le pays est veuf,
Et si l'Europe rit, voyant la différence
De nos petits crevés, aux conscrits de l'an neuf !

Allons ! sus ! levez-vous ! que la trompette sonne !
Pour ressaisir vos droits chaque instant est compté.
Sous vos coups redoublés faites crouler un trône,
Jetez aux quatre vents l'empire détesté !

Ne craignez pas la mort et vous serez les maîtres !
Mourir pour son pays, est-il un sort plus beau !
Vive la Liberté ! marchez ! et vos ancêtres,
Joyeux, applaudiront du fond de leur tombeau !

15 Juin 1870.

VI

LA NOSTALGIE DE JOKO

LE SINGE DE L'IMPÉRATRICE *

J'étais le plus gai des Jokos,
Là-bas, sur nos riantes côtes!
On m'enlève aux bois de cocos,
Pour la grand'ville des cocotes!

Malgré le pompeux appareil
Dont m'entourent des mains illustres,
Je regrette mon beau soleil,
Que ne remplacent pas les lustres!

Et je rêve! et je pleure encor
En songeant aux rives lointaines,
Car mes chaînes, pour être d'or,
Hélas! n'en sont pas moins des chaînes!

* Les journaux officiels et officieux disaient que Joko, le singe rapporté par l'impératrice Eugénie de son voyage en Orient, avait la nostalgie du pays.

Oh! le grand bois tout parfumé!
Quand la guenon dans la nuit bleue,
Guette l'approche de l'aimé...
Pendue aux branches, par la queue!

Si, pour distraire mes ennuis,
Dans le palais où je soupire,
Si, pour oublier où je suis,
La nouveauté venait m'instruire!

Mais non! ici, comme là-bas,
Vers les palmiers qui m'ont vu naître,
Ce sont des bonds et des ébats
De courtisans sous l'œil du maître!

Je disais : — « Oublions nos maux
« En étudiant où nous sommes... »
Mais je trouve encor des Jokos
Où je croyais trouver des hommes!

Comme ils sautent! qu'ils sont adroits!
Oh! que ces hommes sont habiles!...
On ne peut voir en nuls endroits,
Dos plus souples, mains plus agiles!

Et, tout hon teux, je me tiens coi,
Et je rougis et je sanglote,
Et pour avoir pitié de moi,
Je n'ai pas la moindre Jokote.

Courtisans, sautez tour à tour,
Sous l'habit brodé, le beau linge,
Mais craignez que le maître, un jour,
Ne vous paie en monnai(e) de singe!

21 décembre 1869.

VII

PIERRE BONAPARTE

C'est un lâche! il a peur!... il a fui! — qu'il s'en aille
C'est un Bonaparte de moins !
Son ombre salissait, en passant, la muraille
Qu'il rasait pour fuir les témoins.
Il sortait rarement, si ce n'est quand la brume
Étendait ses voiles malsains,
A cette heure où s'en vont dans leur abject costume
Les voleurs et les assassins.
Ils le connaissaient bien. Ils disaient : « C'est un frère, »
Ils ajoutaient : « C'est un *veinard*,
Il est bien épaulé, le b..... peut tout faire
Et se tirer du traquenard.
Son cousin, l'empereur — un des nôtres encore —
Ferme les yeux sur ses bons tours;
Comme il a le bras long, il fait que tout s'ignore
Ou le fait acquitter à Tours. »
Il a fui! pourquoi donc? — lorsque Paris en armes
S'apprête à chasser l'étranger;
Quand les mères en deuil même sèchent leurs larmes,
Songeant aux morts qu'il faut venger;
Quand l'enfant, transformé, demandant la bataille,
Narine ouverte, front levé,
Ajuste un grand fusil à sa petite taille
Et fait résonner le pavé;
Quand la Patrie, enfin, terrible, échevelée,
Entonne : Aux armes, citoyens!

Quand tous voudraient partir, dans l'ardente mêlée,
Broyer les insolents Prussiens;
Quand le péril est grand, quand c'est la mort, peut-être,
Qui sonne, en France, le tocsin;
Infidèle au devoir, à l'honneur, lâche et traître,
Il fuit, le prince spadassin!
Que craint-il? et pourquoi déserte-t-il la lutte
A l'heure où le pays combat?
Ah! c'est qu'il a déjà senti, prévu la chute
De l'empire qui se débat!
L'empire conspué, l'empire impopulaire
Où son bras venait s'appuyer.
Il a senti passer comme un vent de colère
Le souvenir du dix janvier!*
Malgré la Haute-Cour et son arrêt inique
Qui le renvoyait innocent! **
Il a vu tout à coup l'opinion publique
Lui demander compte du sang!
Tuer dans un salon, derrière une broussaille,
Rien de plus charmant que cela!
Mais se battre en plein jour, en ligne de bataille...
On s'esquive comme à Zaatcha!***
La fuite, n'est-ce pas le refuge suprême
De ses pareils, les gens sans cœur?
Il a fui! C'est fort bien. Il s'est jugé lui-même
Vil assassin et déserteur!

* C'est le 10 janvier 1870 que Pierre Bonaparte assassina notre jeune et sympathique confrère, Victor Noir.

** On se souviendra longtemps en France de cet acquittement si audacieusement inique, qu'il scandalisa même l'empereur!

*** Au siége de Zaatcha (Afrique), Pierre Bonaparte, commandant à la légion étrangère, abandonna son poste la veille de l'attaque.

16 août 1870.

VIII

AUX DÉPUTÉS DE LA DROITE

(*Séance du* 11 *août* 1870.)

Non! vous ne voulez pas armer la Capitale,
Malgré le cri des citoyens.
Une heure de retard peut nous être fatale...
Attendez-vous donc les Prussiens?
Chaque jour, l'ennemi fait un pas sur nos terres,
Il vient... il s'avance... il est là...
Et vous argumentez, tribuns autoritaires!
Voilà l'ennemi! le voilà!
Si vous êtes Français, descendez de vos stalles
Où vous votez dès le matin,
Donnez-nous un fusil et transformez en balles
Les boules de votre scrutin!
Savez-vous, à la fin, que le peuple demande
D'où vient votre hésitation?
En face du danger, une lenteur si grande
Semble presque une trahison!
Songez-y! car Paris, tranquille à la surface,
Fixe des yeux ardents sur vous;
Sous un calme apparent, il cache la menace
Qui, demain, deviendra courroux!
Il n'a pas oublié la motion sanglante
Que l'un des vôtres prononça;
Cassagnac, l'ex-mouchard que l'empire patente,
Face de ruffian, de forçat!
N'a-t-il pas demandé qu'on fusille la gauche?
Lui, le taré, l'être sans nom!
Peut-être, à ce moment, portait-il dans sa poche
Le pistolet de Beauvallon!

Mais qu'importe, après tout, sa haine basse et rogue,
Qu'importe au chêne le roseau,
Oui, qu'importe au lion les aboiements du dogue
Et les grognements du pourceau!
Si tu tiens à sauver l'empire qui chancelle,
L'empire lâche et vermoulu,
Empêche que Paris irrité se rebelle,
O parlement irrésolu.
S'il demande un fusil, ne crois pas qu'il conspire,
C'est que les Prussiens sont venus,
C'est qu'il veut les chasser... Quant à tomber l'empire,
Il n'aura qu'à souffler dessus.
Un fusil! un fusil! car l'atelier se ferme,
Car le travail est arrêté;
Car toute patience, à la fin, trouve un terme
Devant l'opiniâtreté.
Nous serons patients tant que dans nos demeures
Nous aurons un morceau de pain,
Mais nous crierons : « Assez! » quand sonneront les heures,
Les heures sombres de la faim!
Ne les attendez pas! elles seraient terribles!
Et vous feriez de vains efforts,
Quand du vase trop plein les haines indicibles
Couleraient rouges à pleins bords!
Un fusil! un fusil! c'est le cri que répète
La Capitale; mais demain,
Si vous demeurez sourds, il se peut qu'elle jette
Cet autre cri : Du pain! du pain!
Et vous serez perdus! Et la France meurtrie,
Pour qui nous voulons tous mourir,
Fera forger pour vous, traîtres à la patrie,
Les vils carcans de l'avenir!

15 août 1870.

IX

PIERROT DEVANT LA BASSE-COUR

La ferme en est toute troublée,
Bien longtemps on en parlera,
La Basse-Cour s'est assemblée,
Oie et dindon *et cætera*.

Il s'agit d'une cause grave :
Pierrot, lui que l'on persifflait,
Lui, le poltron, s'est montré brave,
Il vient de tuer un poulet !

Des témoins on dresse les listes,
Sur l'accusé sont les regards,
Et sur le banc des journalistes
Viennent s'asseoir quelques canards.

* Parodie du procès du prince Pierre Bonaparte devant la Haute-Cour.

Silence ! écoutons, on le juge :
La Basse-Cour ne souffle mot...
Grand Dieu ! quel sera le refuge
De cet infortuné Pierrot ?

. . . .

LE PRÉSIDENT

Accusé, levez-vous. En somme,
Votre passé n'a rien de bon...
Mais rassurez-vous, mon brave homme,
Je n'y fais pas attention.

UN TÉMOIN

Je témoigne que la victime
De son bec n'a pas abusé,
Chacun l'avait en grande estime...

LE PRÉSIDENT

Chut ! n'insultez pas l'accusé !

UN AUTRE TÉMOIN

Le poulet qui dort dans la tombe,
Sur lui nul ne s'est abusé,
Était doux comme une colombe...

LE PRÉSIDENT

Chut ! n'insultez pas l'accusé !

UN COQ

Oui, l'accusé, dans sa colère,
— De mon ergot que n'ai-je usé, —
A mis à mort mon jeune frère...

LE PRÉSIDENT

Chut ! n'insultez pas l'accusé !

UN TÉMOIN *(qui ne sait rien)*

Moi, je ne sais rien, et pour cause,
Car ce jour-là j'avais osé
Loin des regards conduire Rose...

LE PRÉSIDENT

Chut ! n'insultez pas l'accusé !

L'AVOCAT DE LA PARTIE CIVILE

Pierrot, la preuve vous terrasse :
Par vos mains le sang fut versé.

PIERROT *(à l'avocat)*

Vous en avez menti !

LE PRÉSIDENT *(à l'avocat)*

De grâce !
N'insultez donc pas l'accusé!

. . . .

Dans tous les yeux brille une larme,
Le président s'est reposé,
Et, plein de respect, un gendarme
Passe sa *chique* à l'accusé.

29 mars 1870.

X

LE QUINZE AOUT

Paris est-il désert? la ville est-elle morte?
Amis, quel silence partout!
Naguère une rumeur s'élevant grande et forte,
A pareil jour criait : Quinze Août!
Partout flottaient au vent banderolle, oriflamme,
Cloches, canons, aux cœurs émus,
De la grande esplanade aux tours de Notre-Dame,
Hurlaient : Te Deum! Laudamus!
De tous côtés montaient les chants et les prières...
De par l'avis officiel;
Le soir, les monuments s'habillaient de lumières,
Ruggieri faisait honte au ciel :
On fêtait l'empereur! — Aujourd'hui, quel contraste!
La ville est calme, pas un cri.
Au jour d'enivrements succède un jour néfaste,
Le ciel fait honte à Ruggieri.
Rentrez à l'arsenal vos chandelles romaines,
Et vos bombes et vos pétards,
Les millions de feux des étoiles sereines
Plaisent bien mieux à nos regards.
Les canons se sont tus, les cloches sont muettes,
Pas de chamade ou de rappel,
Pas d'habits chamarrés, de plumets et d'aigrettes
Sous les balcons au Carrousel.
On a clos les volets — chose prudente et sage, —
Et sur la porte du château,
Gavroche peut, chantant : l'empire déménage!
Aller poser un écriteau.

Paris, 15 août 1870.

XI

LA POLITIQUE AU BOIS

J'ai fait l'école buissonnière,
Pauvre rimailleur aux abois;
Et pour une fois, la première,
J'ai fui le bureau pour les bois.

Je me suis dit: Allons entendre
Ce que murmurent les roseaux,
Allons essayer de comprendre
Ce que se disent les oiseaux.

Les fleurs ont aussi leur voix douce;
Loin des fâcheux, des importuns,
Allons écouter, sur la mousse,
Leur voix pleine de doux parfums!

Et l'oiseau chanteur, la fleurette,
M'ont dit, en me voyant venir:
Que viens-tu faire ici, poète,
Tu daignes donc te souvenir,

Te souvenir des heures folles
Où tu venais interroger
Et nos chansons et nos corolles
Qui, tout bas, te faisaient songer?

Alors tu courais dans les herbes,
A ta lèvre montaient des chants,
Devant les horizons superbes
Qu'empourpraient les soleils couchants.

L'humble insecte arrêtait ta course,
Et, comme deux amis anciens,
Vous causiez au bord de la source
De ces grands touts... de ces grands riens!

Amant de la muse mystique,
Dis-nous, que fais-tu maintenant?
— Moi! je fais de la politique!
Leur ai-je dit en rougissant.

— La politique! mot étrange!
A semblé murmurer la fleur.
Et s'adressant à la mésange:
— Savez-vous ce que c'est, ma sœur?

— La politique! ô ma fleurette,
A répondu le bel oiseau,
C'est un frein, c'est une baguette,
Pour les hommes mis en troupeau!

A ce frein aucun d'eux n'échappe,
Dans l'intérêt du bon accord,
Ou gare! la baguette frappe
A droite, à gauche, et frappe fort!

Sans cela, les hommes, ma chère,
Envieux, méchants et jaloux,
Au lieu de vivre en paix sur terre,
Se mangeraient comme des loups!

Leur politique a tant de charmes
Qu'ils ont, le croirais-tu vraiment ?
Créé des juges, des gendarmes,
Des gens habillés drôlement !

Et puis d'autres gens dont le rôle
Est, pour sauvegarder les droits,
D'avoir un fusil sur l'épaule...
Et de s'en servir quelquefois !

La loi qui régit, qui consacre
Les droits, commande par moments,
Par ci, par là, quelque massacre
Ou quelque vaste égorgement!

Hélas! combien je plains les hommes!
Combien je m'attriste sur eux!
Nous, les hôtes des bois, nous sommes
Sans politique plus heureux!

Si quelquefois une querelle
Vient éclater entre deux nids,
C'est pour les beaux yeux d'une oiselle,
Lorsque Mai parfume les nuits!

Mais nous n'avons pas de frontières,
Nous pouvons, en sécurité,
Planer dans les grandes lumières
De la splendide immensité.

Et nous vivons sans politique,
Libres enfin sous le ciel bleu,
Libres, en pleine République,
La République du bon Dieu!

24 mars 1870.

Il paraîtra

UNE LIVRAISON PAR SEMAINE

SOMMAIRE DE LA 2e LIVRAISON

Paris. — Imprimerie Alcan-Lévy, rue Lafayette, 61.

40

www.ingramcontent.com/pod-product-compliance
Lightning Source LLC
LaVergne TN
LVHW050503160826
845677LV00003B/907
9782329658131